Sitzungsberichte
der Akademie der Wissenschaften
der DDR
Mathematik – Naturwissenschaften – Technik

7N

1984

Irmgard Garz

Korrosionsverhalten plastisch verformter Metalle

AKADEMIE-VERLAG · BERLIN

THEORIA CUM PRAXI

Sitzungsberichte
der Akademie der Wissenschaften
der DDR
Mathematik — Naturwissenschaften — Technik

Jahrgang 1984 · Nr. 7/N

Irmgard Garz

Korrosionsverhalten plastisch verformter Metalle

AKADEMIE-VERLAG · BERLIN
1984

Vortrag von Frau Prof. Dr. sc. Irmgard Garz,
Technische Hochschule „Otto von Guericke"
Magdeburg, gehalten am 8. 12. 1983 vor der
Klasse Werkstoffwissenschaft der Akademie
der Wissenschaften der DDR

Herausgegeben im Auftrage
des Präsidenten der Akademie
der Wissenschaften der DDR
von Vizepräsident Prof. Dr. Heinrich Scheel

ISSN 0138–3965
Erschienen im Akademie-Verlag, DDR-1086 Berlin, Leipziger Str. 3–4

Lizenznummer: 202 · 100/72/84
Printed in the German Democratic Republic
Gesamtherstellung: VEB Druckhaus Köthen
LSV 3015
Bestellnummer: 7634457 (2010/84/7/N)
00350

Aus der Sicht der Technik ist die Korrosion ein Prozeß, der durch Zerstörung von Werkstoffen infolge einer chemischen oder elektrochemischen Einwirkung aggressiver Umgebungsmedien zu einem Korrosionsschaden führt. Die Skala der werkstoff- bzw. metallseitigen Schäden erstreckt sich dabei von unerwünschten Eigenschaftsänderungen bis zum vorzeitigen Versagen von Bauteilen und Anlagen. Nicht selten erweist sich eine vorzugsweise, unter dem Aspekt der mechanischen Belastbarkeit getroffene, Werkstoffauswahl als nicht optimal oder sogar gefährlich, weil die Korrosionsbeständigkeit nicht ausreicht und unter bestimmten Umständen gerade mit zunehmender Festigkeit geringer wird. Ein Beispiel dafür sind die höherfesten Stähle, deren Einsatz für Rohrleitungen durch die Neigung zur Spannungsrißkorrosion eingeschränkt wird.

Höhere Festigkeiten werden häufig durch Kaltverformung erzielt. Bei zahlreichen metallischen Bauteilen und Erzeugnissen ist eine plastische Verformung Bestandteil des Fertigungsprozesses. Aus der technischen Bedeutung der Kaltverformung, der Häufigkeit des Einsatzes der so behandelten Werkstoffe in korrodierenden Medien sowie der ständigen Zunahme der Aggressivität vieler Umgebungsmedien resultiert ein steigendes Interesse für den Einfluß der plastischen Verformung auf das Korrosionsverhalten. Daß eine solche Beeinflussung auftreten kann, ist schon sehr lange bekannt. So berichteten Osmond und Werth 1885 [1] über eine Korrosionsverstärkung durch Kaltbearbeitung. Später zeigte sich, daß neben negativen auch positive Auswirkungen der plastischen Verformung auftreten können oder daß das Korrosionsverhalten nicht verändert wird.[1] Dies ist wegen der Komplexität des zu betrachtenden Systems verformtes Metall/Medium auch kaum anders zu erwarten. Trotz einer Vielzahl von experimentellen Untersuchungen, von denen einige auch systematischen Charakter haben, bleibt bis heute die Frage offen, wann mit einer Verschlechterung der Korrosionsbeständigkeit gerechnet werden muß bzw. ob durch eine plastische Deformation auch eine Beständigkeitsverbesserung erreichbar ist. Dabei ist gegenwärtig eine Zunahme von Arbeiten zu verzeichnen, die sich mit dem Einfluß einer vorangegangenen Kaltverformung auf die Spannungsrißkorrosion beschäftigen.

Ausgehend von der in der Werkstoffwissenschaft gebräuchlichen Kausalkette

[1] Eine Zusammenfassung der älteren Literatur enthält die Arbeit [2].

Behandlung – Gefüge – Eigenschaften soll im folgenden versucht werden, Zusammenhänge zwischen der plastischen Verformung und der „Eigenschaft Korrosionsverhalten" herzustellen. Die Korrosionsgeschwindigkeit als wesentliches Kriterium des Korrosionsverhaltens wird aber in erster Linie von Phasengrenzreaktionen, d.h. durch die Wechselwirkung der Metalloberfläche mit dem Medium bestimmt. Die obige Beziehung ist daher in geeigneter Weise zu erweitern. Die Einbindung der fehlenden Glieder „Metalloberfläche" und „Wechselwirkung mit dem Medium" wird unter Heranziehung der vorliegenden Literatur und eigener experimenteller Ergebnisse in den Mittelpunkt der Betrachtung gestellt.

1. Beziehungen zwischen plastischer Verformung und Korrosion

1.1. Verformungsgefüge und exponierte Oberfläche

Der Weg von der Verformung zum Korrosionsverhalten über die Zwischenstationen Gefüge – Oberflächenzustand – Wechselwirkung mit dem Medium ist in Abb. 1 skizziert.

Behandlung →		Gefüge →		Eigenschaften
Verformung →	Gefüge →	Oberflächenzustand ⇄	Wechselwirkung mit Medium →	Korrosionseigenschaften
– Verform. Art Zug, Druck, Walzen, Torsion, Impuls-Deformation – Verform. Grad – Verformungs-Temp. – Verformungs-Geschwindigkeit	– Gitterfehlordnung, Art, Verteilung, Grad – Mehrphasigkeit, Art, Verteilung zweiter Phasen – kristallographische Orientierung – Verform.-Textur	– Orientierung in Bezug auf die Beanspruchungsrichtung – kristallographische Orientierung – Morphologie	– Medium – Korrosionsbedingungen – Art der Wechselwirkung	– Korrosionsgeschwindigkeit – Korrosionsart – Grenzpotentiale/Metall Zustand (aktiv, passiv, teilpassiv)

Abb. 1 Die „Behandlung – Gefüge – Eigenschaften" – Beziehungen bei der Korrosion plastisch verformter Metalle

Durch plastische Verformung ändert sich der Fehlordnungsgrad, d.h. Art und Dichte der Gitterbaufehler und gegebenenfalls auch die kristallographische Orientierung der Gefügebestandteile in einer für die jeweilige Verformungsart spezifischen Weise. Das sich ausbildende Gefüge ist außerdem noch von Verformungsgrad, -temperatur und -geschwindigkeit abhängig. In bestimmten Werkstoffen (Legierungen) ist darüber hinaus mit Phasenumwandlungen bzw. dem Entstehen zusätzlicher Phasen zu rechnen, deren Art, Menge und Verteilung das Korrosionsverhalten mit beeinflussen kann. Werkstoffspezifisch, weil vom Ausgangsgefüge abhängig, ist auch die bei höheren Verformungsgraden vorherrschende Wechselwirkung der durch Deformation erzeugten Defekte (Versetzungen, Leerstellen) mit den bereits vorhandenen. Damit wird das Verformungsgefüge außer von Metallnatur und Reinheit bzw. der chemischen Zusammensetzung von Legierungen von einer großen Zahl metallurgischer Faktoren abhängig.

Für die Korrosion ist in erster Linie das Gefüge an der dem Medium ausgesetzten Oberfläche von Interesse, das wesentlich von ihrer Lage in bezug auf die Verformungsrichtung abhängt. Als Ursachen kommen unterschiedliche Schubspannungen, Änderungen der Kristallorientierung bzw. Texturbildung und eine inhomogene Verteilung bestimmter Elemente oder Einschlüsse in Frage. Texturen und chemische Inhomogenitäten sind besonders für gewalzte Proben typisch, sie treten des öfteren auch im wärmebehandelten Zustand auf und sind dann bereits als Eigenschaft des Ausgangsgefüges zu werten. Systematische Untersuchungen zu diesem Orientierungseinfluß wurden von Mazza, Pedeferri u.a. [2 bis 5] an chemisch beständigen Stählen durchgeführt. Die Wirkung der Verformung steigt dabei i.a. erwartungsgemäß von Longitudinalproben (Walzflächen) über Transversalproben (Querflächen) zu um 45° gegen die Verformungsrichtung geneigten Flächen an. An Weicheisen hatte zuvor schon Kunze [6] den Einfluß der Walztexturen auf die Korrosion zu erfassen versucht. Bei Einkristallen ist die kristallographische Orientierung der korrodierenden Fläche zu berücksichtigen, weil die daraus resultierende unterschiedliche Aktivstellendichte (u.a. auch hervorgerufen durch eingewachsene Versetzungen [7]) bereits Anisotropien im Auflösungsverhalten hervorrufen kann [7, 8]. Durch plastische Verformung entstehen an der Oberfläche Gleitstufen oder -bänder, die als Zonen hoher Aktivstellendichte zu betrachten sind. Auch außerhalb dieser Bereiche kann die Versetzungsdichte beträchtlich ansteigen. Nicht zuletzt hängt die Morphologie der Oberfläche in gewissem Grade von der Art und Weise ihrer Vorbehandlung (Schleifen, mechanisches und elektrolytisches Polieren usw.) ab.

1.2. Charakterisierung des Korrosionsverhaltens

Medienseitig wird die Wechselwirkung an der Phasengrenze von der Art und der chemischen Zusammensetzung des Elektrolyten, z.B. von pH-Wert, Art und Konzentration der Anionen und von vorhandenen Redoxsystemen abhängen. Einflüsse wie Temperatur, Strömungsverhältnisse, Elektrodenanordnung sind in Abb. 1 als Korrosionsbedingungen berücksichtigt. Entscheidend ist die Art der Wechselwirkung, die wesentlich vom Potential und der elektrolytischen Doppelschicht an der Phasengrenze geprägt wird.

Die Korrosionseigenschaften können im wesentlichen durch die Korrosionsgeschwindigkeit, die Korrosionsart und die ihren Wirkungsbereich charakterisierenden Grenzpotentiale beschrieben werden. Die Korrosionsart gibt dabei nur qualitativ das Ergebnis eines homogen oder mit örtlich unterschiedlicher Geschwindigkeit ablaufenden Auflösungsprozesses an, das verschiedenen Grundzuständen des Metalls wie aktiv, passiv oder teilpassiv entspricht. Der Schlüsselrolle des Potentials entsprechend kann das Korrosionsverhalten deshalb anhand der Potentialabhängigkeit der Auflösungsgeschwindigkeit, d.h. der Stromdichte-Potential-Kurve diskutiert werden.

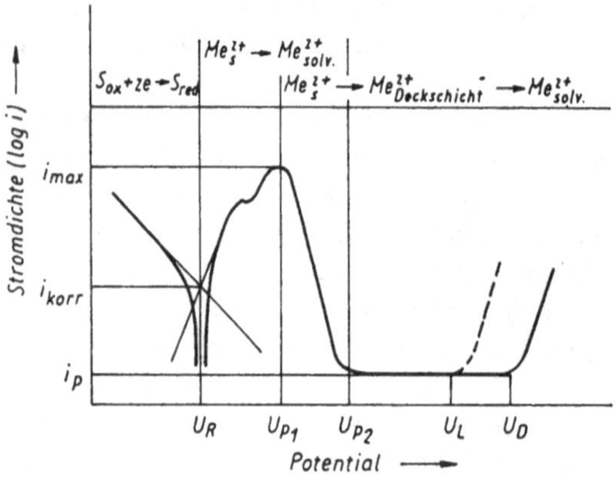

Abb. 2 Stromdichte-Potential-Kurve (schematisch)

In Abb. 2 wird der Bereich der anodisch-aktiven Auflösung ($U_R \ldots U_{P1}$), der Übergangsbereich ($U_{P1} \ldots U_{P2}$), der Passivbereich ($U_{P2} \ldots U_D$) sowie der kathodische Bereich ($U < U_R$) unterschieden. Bei der aktiven Auflösung treten Metallionen aus der Gitteroberfläche s unter Hydratation in die angrenzende Elektrolytphase über:

$$Me_s^{z+} \rightarrow Me_{solv}^{z+} \qquad (1)$$

Die Geschwindigkeit dieses Vorgangs steigt mit dem Potential an. Dabei kann es infolge Wechselwirkung mit Wasser oder OH^--Ionen zu einer Hydroxidbedeckung kommen, die die Auflösung behindert und ein mehr oder weniger ausgeprägtes Vorpassivierungsmaximum erzeugt. Die Hemmung wird durch steigende Feldstärken überkompensiert, so daß der Strom erst infolge Ausbildung oxidischer Passivschichten auch Überschreiten der kritischen Passivierungsstromdichte i_{max} bei U_{P1} ständig absinkt. Im Passivbereich muß das Metallion bei der Auflösung zwei Phasengrenzen überschreiten:

$$Me_s^{z+} \rightarrow Me_{Deckschicht}^{z+} \rightarrow Me_{solv}^{z+} \quad (2)$$

Die passive Korrosionsgeschwindigkeit i_P hängt deshalb wesentlich von den Schichteigenschaften ab. In Gegenwart aggressiver Anionen, z. B. Cl^-, endet der Passivbereich statt am Durchbruchspotential U_D infolge örtlicher Aktivierung bereits beim Lochfraßpotential U_L, was einer Einschränkung des technisch nutzbaren Passivbereichs entspricht.

Beim praktischen Einsatz wird das Korrosionsverhalten durch die Korrosionsgeschwindigkeit i_{korr} im außenstromlosen Zustand beim Ruhe- oder freien Korrosionspotential U_R bestimmt. Beide Größen resultieren aus der Überlagerung der anodischen Metallauflösung (Gl. 3 für $z^+ = 2$) mit der kathodischen Reduktion eines Oxydationsmittels, z.B. der Wasserstoffionen (Gl. 4) bei der Korrosion in saurer Lösung (Gl. 5). Bei diesem auch in Abb. 2 betrachteten Fall liegt U_R im Bereich der aktiven Auflösung.

$$Me \rightarrow Me^{2+} + 2e \quad (3)$$

$$2H^+ + 2e \rightarrow H_2 \quad (4)$$

$$Me + 2H^+ \rightarrow Me^{2+} + H_2 \quad (5)$$

Durch reduzierbare Stoffe mit hohem Redoxpotential und geeigneter Konzentration kann U_R auch zu positiveren Potentialen verschoben werden, im günstigsten Fall in den Passivbereich, was zur geringsten Korrosionsgeschwindigkeit i_P führen kann.

1.3. Verformungsstrukturen und Korrosionsparameter — zu erwartende Zusammenhänge

Die Vielfalt der Gefüge, die allein schon im unverformten Zustand innerhalb einer Werkstoffgruppe wie der der chemisch beständigen austenitischen Stähle existiert, läßt es einerseits fast unmöglich erscheinen, etwas Allgemeingültiges über das Gefüge im verformten Zustand bzw. über Verformungsmikrostrukturen aussagen zu können. Andererseits unterliegen polykristalline Metalle mit kubischem Gitter den gleichen Gesetzmäßigkeiten der Verfestigung wie Einkristalle, was auf die Existenz von nichtparallelen Gleitsystemen und die Unempfindlichkeit plastischer Eigenschaften gegenüber der Korngröße zurückgeführt wird [9]. So können z.B. im Zugversuch bei einachsigem Spannungszustand die Parameter Schubspannung τ und Abgleitung a für Monokristalle mit der Zugspannung und der Dehnung von Polykristallen über die spezifische Verformungsenergie in Beziehung gesetzt werden. Der Verformungsprozeß führt bei mittelorientierten kfz-Einkristallen zu einer τ-a-Kurve mit drei charakteristischen Bereichen, deren versetzungstheoretische Deutung [10] am Beispiel der Verfestigungskurve eines Nickeleinkristalles [11] erörtert werden soll, dessen Korrosionseigenschaften später zu diskutieren sind. In Abb. 3 ist die Dreiteilung der τ-a-Kurve noch andeutungsweise vorhanden, und eine Bereichszuordnung der verformten Proben ist unter Heranziehung der auf der Oberfläche gebildeten Gleitstrukturen möglich. Die plastische Verformung beginnt nach Überschreiten der kritischen Schubspannung τ_0. Da die Bewegung der Versetzungen im Bereich I nur durch die Spannungsfelder der eingewachsenen Versetzungen behindert wird, tritt zunächst nur eine unwesentliche Verfestigung ein, so daß die Versetzungen lange Laufwege erreichen und u. U. an der Oberfläche wieder austreten.

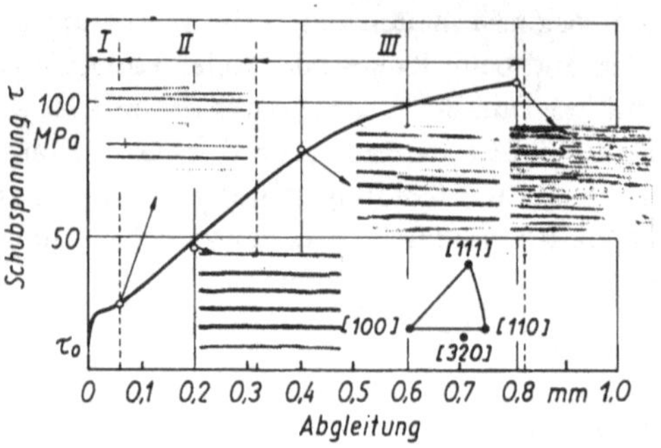

Abb. 3 Schubspannungs-Abgleitungskurve eines Nickeleinkristalls der Orientierung [320] und Gleitlinienbilder auf (321)-Flächen mit den Verformungsgraden $\eta = 3$; 10; 22 und 50%

Das metallographische Gleitlinienbild ist daher durch lange homogene Gleitlinien charakterisiert. Bei Erhöhung der Schubspannung vollzieht sich die weitere Abgleitung mit zunehmender Behinderung durch die primär gebildeten Versetzungen. Es kommt zum Aufstau von Versetzungen und zur Aktivierung von Versetzungsquellen in neuen Gleitebenen. Mit der starken Zunahme der Versetzungsdichte steigt τ daher im Bereich II steil an (Verfestigung). Die mittlere Gleitliniendichte und die der Gleitstufenhöhe entsprechende Linienbreite nehmen an der verformten Nickelprobe zu, die mittlere Gleitlinienlänge sinkt stark ab [11].

Die Aktivität der Metallatome in den Gleitlinienbereichen steigt proportional der Zahl der aufgestauten Versetzungen an. Auch im Verfestigungsbereich sind zwischen den Gleitebenen noch versetzungsarme Zonen vorhanden. Im Bereich III nimmt zwar die Versetzungsdichte weiter zu, aber die ebenen Versetzungsanordnungen, auf die der Hauptteil der zugeführten Deformationsenergie entfällt, werden durch Quergleiten von Schraubenversetzungen zerstört und der Anstieg der τ-a-Kurve verringert (dynamische Erholung). Die mit zunehmendem Verformungsgrad schmaler gewordenen nahezu störungsfreien Bereiche verschwinden weitgehend, da die Defekte praktisch das gesamte Volumen durchsetzen. Die Gleitlinienbilder (Abb. 3) zeigen außer den Quergleitungen eine zunehmende Fragmentierung der Gleitlinien. Die Umordnung der Versetzungsstruktur im Bereich der dynamischen Erholung ist mit einer Energieverminderung verbunden, die bis zu 95% der Verformungsenergie erreichen kann [9]. Im Polykristall wirken die Korngrenzen als starke, nicht umgehbare Hindernisse der Versetzungsbewegung [12], so daß Verfestigung und dynamische Erholung bei wesentlich niedrigeren Spannungen als beim Einkristall beginnen. So endet der Bereich II von zugverformten Reinnickel in Übereinstimmung mit Angaben von Zankl [13] schon bei etwa 5% bleibender Dehnung [14].

Die Art der Verformungsmikrostruktur, unterschieden nach dem Grad der Homogenität und dem Energieinhalt, ergibt sich demnach aus den Grundprozessen der Verfestigung und der dynamischen Erholung sowie ihrem Verhältnis zueinander [12]. Dem Einfluß auf die Höhe der Spannungen entsprechend führen dabei hohe Verformungsgeschwindigkeiten und niedrige Verformungstemperaturen zu Versetzungsstrukturen mit hohem Energieinhalt. Für das Korrosionsverhalten sollten trotz aller im Detail möglichen Verschiedenheiten der Verformungsgefüge folgende Tendenzen erwartet werden:

- Aus thermodynamischer Sicht entspricht der Zuführung von Deformationsenergie eine Zunahme der Inneren Energie bzw. des chemischen Potentials $\bar{\mu}$ des Metalls, was einer Steigerung der mittleren Aktivität der Metallatome gleichkommt. Diese steigt mit zunehmender Verfestigung an, während starke Verformungen je nach der mit der dynamischen Erholung verbundenen Energieabnahme eine mehr oder weniger ausgeprägte Aktivitätsabnahme bewirken. Von der mittleren Aktivität bestimmte Korrosionseigenschaften bzw. deren Kenngrößen können daher in Abhängigkeit vom Verformungsgrad Grenz- oder Extremwerte ausbilden.

- Das gleiche Ergebnis ist für Korrosionsarten zu erwarten, die entscheidend von örtlichen Aktivitätsunterschieden auf der Oberfläche abhängen: Verfestigungsstrukturen mit coplanaren Versetzungsanordnungen und starkem Versetzungsaufstau, d.h. Bereiche hoher Defektkonzentration in defektarmer Umgebung begünstigen selektive Auflösungs- sowie Loch- und Rißbildungsprozesse, während Versetzungsnetzwerke, -knäuel, Zellstrukturen und Versetzungswände je nach dem Grad der bestehenden bzw. durch dynamische Erholung wiedererlangten Homogenität ein günstigeres Verhalten oder zumindest keine weitere Verschlechterung erwarten lassen.

- Ist die Auflösung vorzugsweise an bestimmte Strukturmerkmale wie z.B. an Halbkristallagen gebunden, so kann wegen der mit dem Verformungsgrad zunehmenden Gleitliniendichten und Gleitstufenhöhen mit einer stetigen Veränderung der Korrosionsparameter gerechnet werden. Führt die Phasengrenzreaktion unmittelbar zur Metallauflösung, so ist mit einem stetigen Ansteigen der Korrosionsgeschwindigkeit zu rechnen. Dagegen kann bei Ausbildung von Deckschichten der entgegengesetzte Effekt auftreten oder eine veränderte Abhängigkeit vom Verformungsgrad induziert werden.

- Chemische Inhomogenitäten (Fremdatomanhäufungen, Einschlüsse, Ausscheidungen zweiter Phasen) können durch Verformung einen noch größeren Einfluß auf die Korrosion ausüben als im unverformten Zustand. Dies resultiert aus der Veränderung der Verformungsmikrostruktur infolge der Steigerung der Verfestigung, der Schaffung konzentrischer Zonen hoher Versetzungsdichte an Einschlüssen und der Erhöhung der Teilchenzahl durch Schneidprozesse. Chemische Inhomogenitäten müssen deshalb wie Deckschichten als Faktoren betrachtet werden, die die Grundtendenzen entscheidend modifizieren können.

Zu betonen ist dabei stets die doppelseitige Beeinflussung des Korrosionsverhaltens durch die spezifischen Eigenschaften des aggressiven Mediums und die Mikrostruktur [15].

Detailliertere Voraussagen der Verformungsabhängigkeit des Korrosionsverhaltens erfordern daher für ein bestimmtes Korrosionssystem Metall/Medium auch die Kenntnis der Phasengrenzprozesse und ihrer Kinetik. Den Zusammenhang zwischen der Auflösungsgeschwindigkeit und der Struktur der Metalloberfläche stellt eine von Parsons [16] angegebene Beziehung her, nach der der Auflösungsstrom gegeben ist durch die Summe der Teilströme i_j von n_j Oberflächenstellen verschiedenen Typus und ihren Aktivierungsenergien $\Delta G^{\neq}$:

$$i = A \cdot \sum_j i_j (n_j \Delta G^{\neq}) f(U) \qquad (6)$$

(Darin ist A eine Konstante, und mit f(U) soll die funktionelle Abhängigkeit vom Potential ausgedrückt werden). Als Beispiel für eine erfolgreiche Anwendung von Gl. 6 ist die atomistische Interpretation der primären Passivierung von Fe-Cr-Legierungen durch Frankenthal [17] zu erwähnen. Der im Ausdruck $(n_j \Delta G^{\neq})$ enthaltene Einfluß der Oberflächenmikromorphologie soll im folgenden Abschnitt erörtert werden.

2. Einfluß der Oberflächenmikromorphologie

2.1. Die Abtrennbarkeit von Oberflächenbausteinen

Nach den atomistischen Vorstellungen von Kossel [18] und Stranski [19] sowie Volmer [20] ist die zur Ablösung einzelner Atome vom Idealkristall erforderliche Energie von ihrer Oberflächenlage abhängig. Sie ist der Zahl der zu lösenden Bindungen zu Nachbaratomen proportional. Für verschiedene Positionen ergeben sich abnehmende Bindungsenergien in der Reihenfolge Me-Atom in einer abgeschlossenen Netzebene – in der Kante einer atomaren Stufe – in der Halbkristallage (Me_{kink}) – an einer Stufenkante – auf einer abgeschlossenen Netzebene. Atome an Kanten und Kinks liefern nach Howard und Pyle [21] auf Grund ihrer Schwingungskomponenten parallel zur Oberfläche den bedeutendsten Beitrag zur Auflösung, während bei Atomen in der Ebene nur Vibrationen senkrecht zur Oberfläche wirksam werden. Ihr Ausbau erfordert deshalb eine besondere Keimbildungsarbeit und dürfte bei der anodischen Auflösung erst bei hohen Potentialen bzw. Überspannungen zu erwarten sein [22]. Bei niedrigen Potentialen spielt die Ablösung der Kink-Atome, die die laterale Auflösung eines Kristalls durch Stufenwanderung bewirkt [23], eine wesentliche Rolle. Im Gegensatz zum Abbau im Vacuum wird angenommen [24], daß Atome von der HK-Lage ohne Platzwechselvorgänge direkt in die Lösung übergehen und i von der Oberflächenkonzentration Γ_{kink} abhängt. Diese ist außer von der Orientierung der Stufen von ihrer Dichte abhängig, die beim Idealkristall von niedrig zu hoch indizierten Flächen ansteigt [25]. Im Realkristall kann der Auflösungsprozeß durch Gitterdefekte, insbesondere durch Versetzungen, erheblich verändert werden [26 bis 28].

Es existieren zusätzliche Stufen und Kinks an Schraubenversetzungen bzw. Versetzungen mit Schraubenanteil. Der Abbau von Kink-Atomen erfolgt unter Erhalt der um den Durchstoßpunkt der Versetzung rotierenden Stufe. Atome, die im Bereich des Kerns oder auch der weiteren Umgebung einer Versetzung liegen, sind durch die elastischen Verspannungen für den Ausbau aus dem Gitter begünstigt. Dies gilt auch für Stufenversetzungen und in verstärktem Maße für zweidimensionale Baufehler wie Klein- und Großwinkelkorngrenzen, die zudem eine verringerte Besetzungsdichte haben. Punktdefekte bewirken nur Gitterverzerrungen mit geringer Reichweite, die z.B. bei einer Leerstelle nur einige Prozent des Gitterabstands ausmacht [15, 28]. Einzelleerstellen können bei der anodischen Auflösung nur bei Abwesenheit anderer bevorzugter Lagen und hohen Überspannungen als Keime für den Abtrag abgeschlossener Netzebenen dienen [22].

Neben den atomistischen können auch elektronische Eigenschaften wie die Elektronenaustrittsarbeit zur Oberflächencharakterisierung herangezogen werden. Die Auflösungsgeschwindigkeit einer Elektrode ist vom Potentialgefälle über der Phasengrenzschicht abhängig [29]. Diese Galvanispannung setzt sich aus den Dipolschichten der Randzonen beider Phasen sowie einer Ladungsdoppelschicht zusammen, die durch Influenzwirkung der Oberflächendipolschichten sowie den Übergang von Ladungsträgern entsteht. Die metallseitige Doppelschicht ist wegen der stärkeren Ausdehnung des Elektronengases relativ zur Lage der Metallionen zum Metallinneren hin positiv geladen. Sie wird durch entgegengerichtete Dipole modifiziert, die infolge des „smoothing“-Effekts der Elektronendichteverteilung besonders an nicht atomar glatten, d.h. an weniger dicht besetzten Netzebenen sowie an gestuften oder auf andere Weise aufgerauhten Flächen auftreten [30, 31].

Neben dieser Abhängigkeit von der Struktur der obersten Metallschichten kann eine medienseitige Beeinflussung durch Ladungs- bzw. Dipolschichten adsorbierter Spezies auftreten. Der Absolutwert des metallseitigen Potentialgefälles ist experimentell nicht zu ermitteln und auch noch nicht berechenbar. Meßtechnisch zugänglich ist die sehr empfindlich auf die struktur- und bedeckungsabhängige Veränderung der metallseitigen Doppelschicht reagierende Elektronenaustrittsarbeit φ, die im allgemeinsten Sinn der minimalen Energie zur Entfernung eines Elektrons aus dem Kristall entspricht. Sie kann jedoch qualitativ auch als Maß für die Leichtigkeit des Metallionendurchtritts durch die Phasengrenze angesehen werden. Faktoren, die eine Senkung von φ bewirken, sollten auch den Übergang $Me_S^{z+} \rightarrow Me_{solv}^{z+}$ erleichtern.

Die Elektronenaustrittsarbeit besteht aus einem Oberflächenanteil $\Delta\varphi$, der die Elektronenladungsverteilung im Oberflächenbereich wiedergibt, und einem dem chemischen Potential $\bar{\mu}$ entsprechenden „bulk"-Anteil [30]:

$$\varphi = \Delta\varphi - \bar{\mu} \tag{7}$$

An unverformten Kristallen ist die Austrittsarbeit an dicht besetzten (niedrig indizierten) Ebenen am höchsten, sie kann je nach der „Offenheit" der Struktur bis zu 20% abnehmen [31]. Dies wird vorzugsweise durch Stufen bewirkt, die durch Ladungsumverteilung zusätzliche Oberflächendipole erzeugen. Krahl-Urban u.a. [32] fanden an regulär gestuften Wolframeinkristallflächen, daß φ von der Stufenorientierung abhängt und mit steigender Stufendichte linear abnimmt (Abb. 4).

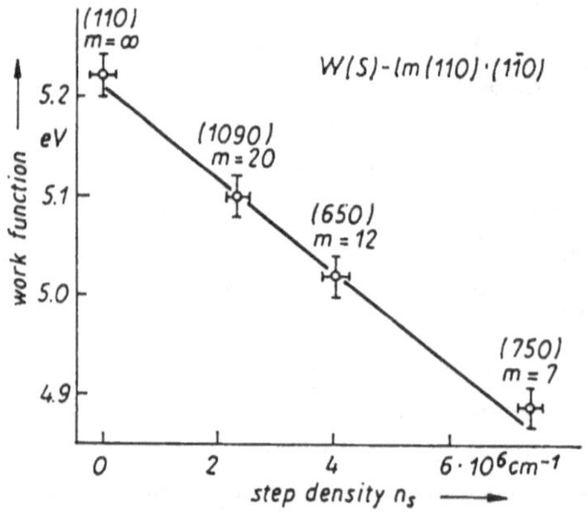

Abb. 4 Elektronenaustrittsarbeit von W (110)-Vizinalflächen als Funktion der Stufendichte (nach Krahl-Urban u.a. [32])

Jones u.a. [33] untersuchten die Ladungsverteilung an Übergangsmetallclustern und fanden eine Zunahme von aus der Oberfläche herausragenden Orbitalen an Stufen und Ecken, die eine größere Differenzierung und Ausdehnung als an glatten Ebenen haben. Soweit die chemische Aktivität mit der gerichteten Natur der Orbitale korreliert werden kann, läßt sich daraus auf eine erhöhte Chemisorptionsaktivität an Stufen und Eckatomen schließen.

2.2. Veränderung der Mikromorphologie und der Adsorption an plastisch verformten Oberflächen

Als wichtigstes Ergebnis der plastischen Verformung für die Korrosion muß die Zunahme der Kink-Konzentration in Verbindung mit einer drastischen Erhöhung der Stufendichte an Gleitstufen, -bändern und Schraubenversetzungen angesehen werden. Γ_{kink} sollte ebenso wie die Zahl von Atomen mit herabgesetzter Abtrennenergie mit abnehmender Länge und zunehmender Höhe und Fragmentierung der Gleitstufen ansteigen. Der Grad der „Lockerung" von Atomen hängt vom Energieinhalt der jeweiligen Versetzungsstruktur ab. Die im Verfestigungsbereich gebildeten Strukturen mit starkem Versetzungsaufstau sollten z.B. besonders wirksam sein. In gestörten Bereichen sollte neben dem Kink-Abbau der von Kantenatomen an ein- und besonders an mehratomaren Stufen erfolgen [34]. Dies kann als Keimbildungsprozeß aufgefaßt werden, der im Vergleich zur abgeschlossenen Fläche energetisch begünstigt ist und bei dem gleichzeitig 2 neue Kink-Positionen geschaffen werden. HK-Lagen an der Kante multiatomarer Gleitstufen dürften aus geometrischen Gründen zusätzlich für den Abbau begünstigt sein [35]. Weiter sollte die Keimbildung an Stufenversetzungen auch auf glatten Flächen etwas erleichtert werden. Gitterleerstellen liegen nach einer Deformation bevorzugt als Cluster vor und können die Effektivität von Keimen überkritischer Größe erreichen.

Eine plastische Deformation führt nach Mints u.a. [36] grundsätzlich zu einer Verminderung der Elektronenaustrittsarbeit. Dies folgt aus der Änderung des bulk-Anteils $\bar{\mu}$ [30], der mit der Deformationsenergie zunimmt (Gl. 7). Aber auch der Oberflächenanteil $\Delta\varphi$ ändert sich, er nimmt mit der Fehlordnungsdichte ab. Nach einer Abschätzung von Rhead [37] kann die Änderung der Austrittsarbeit durch Deformation bis zu 10% betragen. Tab. 1 enthält experimentell bestimmte Werte

Tab. 1 Änderung der Elektronenaustrittsarbeit plastisch verformter ($\varepsilon_{st} = 25\%$) hochreiner Metalle (nach Mints u.a. [36])

Me (99999%)	Cu	Au	Ag	Pt	Pd
$-\frac{\Delta\varphi}{\text{meV}}$	28 ± 5	60 ± 10	110 ± 30	100 ± 25	56 ± 10

an zugverformten Metallen [36]. Die Adsorption von Lösungsmittelmolekülen oder gelösten Spezies an der Phasengrenze, die den ersten Teilprozeß der Wechselwirkung darstellt, reagiert empfindlich auf Änderungen der Mikromorphologie. Die bevorzugte Adsorption von Anionen, Inhibitoren und passivierend wirkenden Komponenten an Gitterbaufehlern ist mehrfach nachgewiesen [38, 40]. Für die erhöhte Wirksamkeit der Fehlstellen an verformten Oberflächen spricht die Zunahme der Anionenadsorption (Balashova [41], Nowak [42], Kolotyrkin u.a. [43] sowie die analog zur Versetzungsdichte ansteigende Inhibitoradsorption an verformten Fe-Ni-Einkristallen (Glaser, Garz [44]). Auch die bevorzugte Adsorption von Inhibitoren an Gleitlinien und eine Effektivitätssteigerung an verformten Proben wurde nachgewiesen (Batrakov u.a. [40, 45].

Über neuere Untersuchungen zur Adsorption an Oberflächen mit vorgegebener Stufendichte und -orientierung wird zusammenfassend von Wagner [31] berichtet.

Danach erfolgt die Adsorption von Gasen an gestuften Flächen wesentlich schneller als an glatten, niedrig indizierten Flächen. Nach Hopster u.a. [46] steigt die Adsorptionswahrscheinlichkeit von Sauerstoff an Pt (111) — Vizinalen exponentiell mit der Stufendichte an.

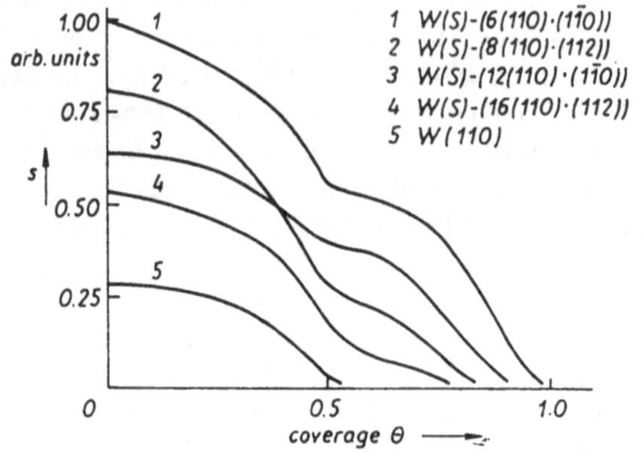

Abb. 5 Adsorption von Sauerstoff (sticking-Koeffizients) an W (110)-Vizinalflächen als Funktion des Bedeckungsgrades und der Stufendichte bei Raumtemperatur (nach Besocke u. Berger [47])

Abb. 5 zeigt die Zunahme der Sauerstoffadsorption an W (110)-Vizinalen in Form des sticking-Koeffizienten und des erreichten Bedeckungsgrades mit steigender Stufendichte (Besocke u. Berger [47]). Nach Engel u.a. [48] führen Stufen allerdings nur dann zur wesentlichen Adsorptionssteigerung, wenn sie nicht in eine Richtung mit größter Besetzungsdichte zeigen. Christmann u. Ertl [49] erhielten eine viermal höhere Wasserstoffadsorption von Pt (997) gegenüber Pt (111) sowie eine Änderung der Adsorptionskinetik bei $\theta \sim 0{,}25$. Nach Abb. 6 sinkt die Austrittsarbeit an Pt (111) mit steigender Bedeckung. Mit der bevorzugten Adsorption an den Stufen der (997)-Fläche ist jedoch zunächst eine Zunahme von φ zu beobachten. Erst die anschließende Adsorption an glatten Flächen läßt auch an dieser Ebene die Austrittsarbeit sinken. Interessant ist, daß nach der Sattelbildung bei $\theta \sim 0{,}16$ die Existenz von 2 verschiedenen Typen bevorzugter Adsorptionsplätze, vermutlich an und auf der Stufe, angenommen wird, die nacheinander besetzt werden. Oberhalb der Raumtemperatur verschwinden die Unterschiede der Austrittsarbeit, was auf die geringe Differenz der Bindungsenergie an Stufen und Terrassen (2,3 %) zurückgeführt wird. Dem steht ein aus der MO-Theorie berechnetes Verhältnis von 2 für die Adsorption von Wasserstoff an gestuften (111)-Flächen von Nickel gegenüber [50]. Als Ursachen der Adsorptionszunahme werden die unabgesättigten Bindungen der Kantenatome bzw. deren freie Valenzorbitale angesehen [31, 33]. Bei Gasmolekülen wie H_2 kann die verstärkte Wechselwirkung der Molekülorbitale mit den Orbitalen der Kantenatome zur Aufspaltung der Molekülbindung führen und damit die atomare Adsorption erleichtern [31]. Ibach [51]

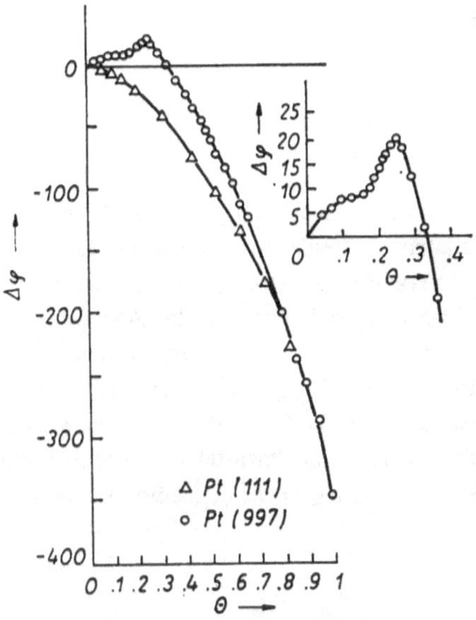

Abb. 6 Änderung der Elektronenaustrittsarbeit (in mV) bei Adsorption von Wasserstoff an glatten und gestuften Pt-Flächen bei 130 K als Funktion des Bedeckungsgrades. Rechts: Ausschnitt für Pt (997) (nach Christmann u. Ertl [49])

nimmt an, daß durch die molekulare Voradsorption eine Energiebarriere entsteht, die durch die Dipolmomente an den Stufenkanten verringert wird, was die dissoziative Adsorption an diesen Stellen begünstigt.

Aus der Sicht von Korrosionsprozessen, die mit einer Deckschichtbildung verbunden sind, ist besonders der Einfluß von Stufen auf Adsorbatstrukturen von Interesse. Im allgemeinen wird durch Stufen die Ausdehnung geordneter Adsorbatstrukturen eingeschränkt, besonders wenn die Keimbildung an Stufen beginnt [31]. Dabei können auf den einzelnen Terrassen unterschiedliche Domänenstrukturen auftreten. Adsorbatstrukturen, die auf niedrig indizierten Ebenen gut geordnet sind, zeigen auf gestuften Flächen einen hohen Fehlordnungsgrad und evtl. völligen Verlust der Fernordnung. So wurden an Pt mit hoher Kinkdichte stark fehlgeordnete Kohlenwasserstoff-Adsorbatstrukturen gefunden [52]. Es wurde nachgewiesen, daß dafür nicht nur die bei gesteigerter Adsorption erschwerten Ordnungsprozesse verantwortlich sind, sondern daß auch die Wechselwirkung zwischen den adsorbierten Spezies beeinflußt wird. Die Ausbildung von Deckschichten auf verformten Oberflächen läßt daher einen mit dem Störgrad des Substrats zunehmenden Anteil an Misfitgrenzen bzw. generell ein Ansteigen der Defektkonzentration in der Deckschicht erwarten.

3. Experimentelle Ergebnisse zur Korrosion plastisch verformter Metalle

3.1. Die Korrosionsgeschwindigkeit im außenstromlosen Zustand – Einfluß der Wasserstoffüberspannung

Die Korrosionsstromdichte resultiert, wie in Abb. 2 dargestellt, aus der Überlagerung des anodischen und des kathodischen Teilstroms. Beide können durch plastische Verformung beeinflußt werden. Für den anodisch bedingten Anstieg von i_{korr} in sauren Lösungen, der entsprechend der verformungsinduzierten Erhöhung der Aktivstellendichte zu erwarten ist, gibt es zahlreiche Beispiele [6, 8, 53 bis 56]. Hierauf wird im nächsten Abschnitt zurückzukommen sein. In anderen Fällen kann der kathodische Einfluß dominierend sein oder allein vorliegen [2, 3, 54, 57]. So führt die von Mazza u.a. [3] an Stählen und Nickel in Schwefelsäure gefundene Parallelverschiebung der kathodischen Tafelgeraden (Abb. 7) ebenfalls zum Anstieg von i_{korr}. Abb. 8 läßt den

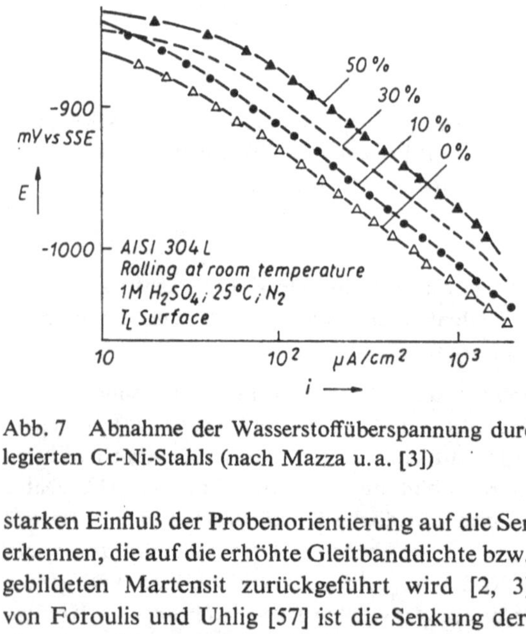

Abb. 7 Abnahme der Wasserstoffüberspannung durch plastische Deformation eines hochlegierten Cr-Ni-Stahls (nach Mazza u.a. [3])

starken Einfluß der Probenorientierung auf die Senkung der Wasserstoffüberspannung erkennen, die auf die erhöhte Gleitbanddichte bzw. auch auf den durch die Verformung gebildeten Martensit zurückgeführt wird [2, 3]. Nach früheren Untersuchungen von Foroulis und Uhlig [57] ist die Senkung der Wasserstoffüberspannung in Form einer Parallelverschiebung der Tafelgeraden bei kaltgewalzten Eisen an einen bestimmten Kohlenstoffgehalt gebunden. Auch Kunze [6] sieht den infolge der Wechselwirkung von Versetzungsaufstauungen und Kohlenstoff veränderten Verteilungszustand des Zementits als wesentlich für die Erhöhung der kathodischen Teilströme an. Neuere Untersuchungen an Reinsteisen bestätigen die Verformungsunabhängigkeit der kathodischen Teilstromdichte in Schwefelsäure [58]. Die verformungsbedingte Parallelverschiebung der kathodischen Tafelgerade in Richtung höherer Ströme in Abb. 7

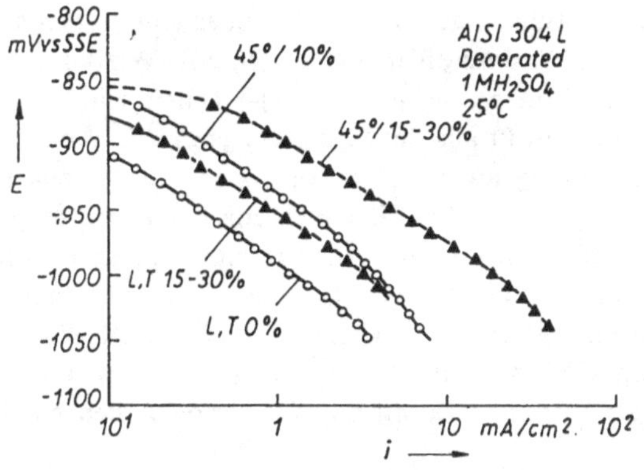

Abb. 8 Einfluß der Probenorientierung auf die kathodische Wasserstoffentwicklung (Längsflächen L und 45°-Querflächen, nach Mazza u.a. [2])

entspricht der beschleunigten Entladung an einer steigenden Zahl von Aktivstellen beim Volmer-Heyrovsky-Mechanismus und geschwindigkeitsbestimmender Volmer-Reaktion (Tafelneigung $b_- \sim 120$ mV [59, 60]):

$$H_3O^+ + Me + e \rightleftharpoons Me \ldots H + H_2O \quad \text{Volmer-Rk.} \quad (4a)$$

$$H_3O^+ + Me \ldots H + e \rightleftharpoons H_2 + H_2O + Me \quad \text{Heyrovsky-Rk.} \quad (4b)$$

An Ni (111) wurde von Garz und Schmidtchen [56] eine Abnahme der Neigung b_- mit steigendem Verformungsgrad gefunden (Abb. 9). Trotz Beschleunigung der anodischen Teilreaktion resultiert aus der Überlagerung ein Rückgang der Korrosionsstromdichten bei U_R. Als Ursache einer kathodischen Neigungsänderung kommt

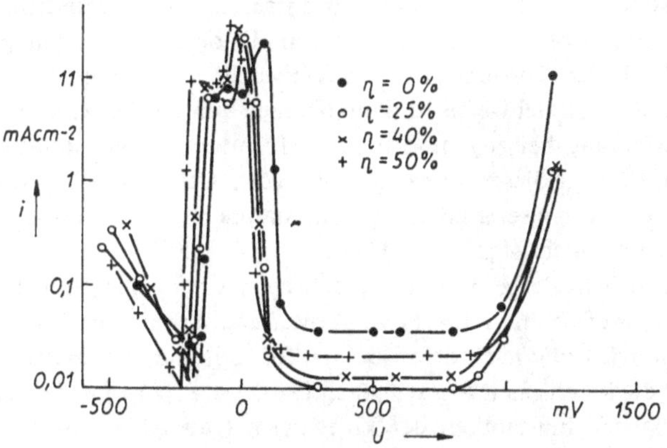

Abb. 9 Einfluß des Verformungsgrades auf die Stromdichte-Potentialkurve von Ni (111) [111] in 0,5 n H_2SO_4 (nach Garz u. Schmidtchen [56])

u.a. ein Wechsel des geschwindigkeitsbestimmenden Teilschritts oder eine Potentialabhängigkeit des Bedeckungsgrades mit Wasserstoff in Frage [59, 60]. Wie kompliziert die Kinetik der Wasserstoffadsorption an gestuften (111)-Flächen sein kann, wurde schon am Beispiel der Adsorption an Pt aus der Gasphase gezeigt (s. Abb. 6). Für die kathodische Wasserstoffentwicklung an Ni ist anzunehmen, daß einerseits die hohe Wasserstoffüberspannung der glatten (111)-Fläche [3] mit der erleichterten Protonenentladung an Kinks und Stufen zurückgeht. Andererseits sind durch die verstärkte Adsorption von atomarem Wasserstoff Reaktionshemmungen möglich, die dann besonders bei hohen Verformungsgraden wirksam sein sollten. Die Potentialabhängigkeit des Bedeckungsgrades kann auch aus der Konkurrenz mit adsorbiertem Hydroxid infolge verstärkter Wechselwirkung mit Wassermolekülen resultieren:

$$Ni + 2\,H_2O \rightleftharpoons NiOH_{ad} + H_3O^+ + e \qquad (8)$$

was mit der Zunahme der anodischen Auflösungsgeschwindigkeit mit steigendem Verformungsgrad in Einklang steht.

Dem kathodischen Potentialbereich sind auch Ergebnisse von Kasparova und Plaskejev [58] über die chemische Auflösung von Reinsteisen in Schwefelsäure zuzuordnen, die an einer stark kaltgewalzten Probe wesentlich geringer war als an geglühten Oberflächen, wofür bisher noch keine Erklärung vorliegt [61]. Da die Bruttoreaktion der Gl. (5) entsprechend zur Wasserstoffentwicklung führt, erscheint auch hier eine Hemmung infolge verstärkter Adsorption von atomarem Wasserstoff an Kinks und Stufen der verformten Oberfläche denkbar.

3.2. Die aktive Auflösung

Bei ausreichend hohen anodischen Überspannungen entspricht die Stromdichte allein dem Auflösungsprozeß nach der Phasengrenzreaktion (1), deren Geschwindigkeit durch Verformung und mit der Konzentration an Aktivstellen zunehmen sollte. Dies wurde im System Ni-Einkristall/Schwefelsäure unabhängig von der Orientierung und Lage zur Verformungsrichtung bei zug- und druckverformten Proben bestätigt [55, 56, 11, 61 bis 64]. Abb. 10 zeigt diesen Effekt am Ni (321), Abb. 9 an Ni (111). Dagegen erwies sich der Verformungseinfluß an polykristallinem Nickel im Einklang mit [2] im Aktivbereich als nicht signifikant [14].

Besonderes Interesse beansprucht der Einfluß der plastischen Verformung auf den Mechanismus der anodischen Auflösung. Abb. 11 zeigt die Reaktionsabläufe für die Auflösung des Eisens in saurer Lösung nach dem Bockris- [65, 66] und dem Heusler-Mechanismus [67, 68] sowie die kinetischen Ansätze nach Forker u.a. [24]. Für Nickel sind trotz größerer Diskrepanzen hinsichtlich der kinetischen Daten [69, 70] prinzipiell analoge Reaktionsabläufe anzunehmen [68]. Lorenz und Eichkorn [39] wiesen nach, daß der Reaktionsweg durch Unterschiede in der Mikromorphologie [71 bis 73] oder durch Fremdstoffbelegung [34] verändert werden kann.

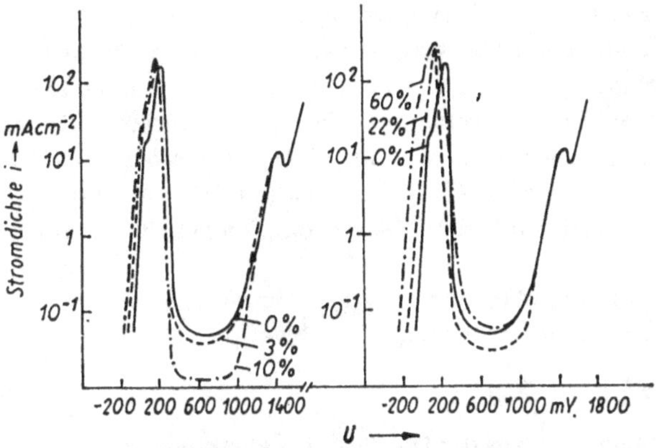

Abb. 10 Anodische Auflösung von zugverformten Ni (321) [320] in 1 n H_2SO_4. Einfluß des Verformungsgrades (dU/dt = 15 mV/min. Nach Garz u. Denkewitz [62, 63]).

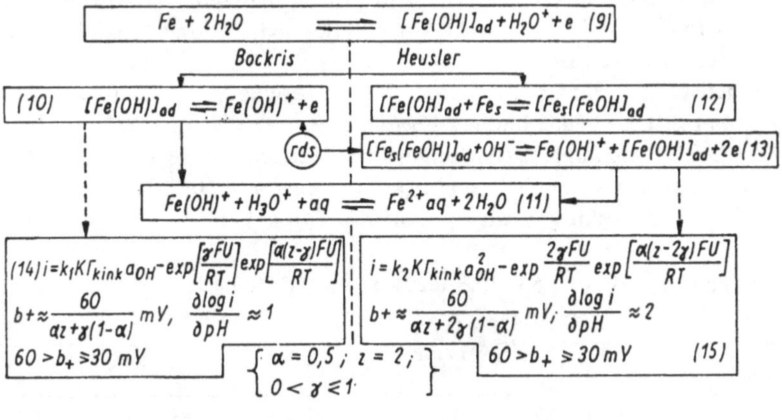

Abb. 11 Die aktive Auflösung des Eisens nach dem Bockris- und dem Heusler-Mechanismus.
Reaktionskinetik nach Forker, Worch, Rahner u. Schatt [24]

In Abwesenheit grenzflächenaktiver Stoffe werden an unverformten bzw. rekristallisiertem oder stark erholtem Eisen die kinetischen Daten des Bockris-Mechanismus (Tafel-Neigung $b_+ \sim 40$ mV, elektrochemische Reaktionsordnung $\partial \log i/\partial \text{pH} = 1$) erhalten, während stark verformtes Eisen mit $b_+ \sim 30$ mV und $\partial \log i/\partial \text{pH} = 2$ dem Heusler-Mechanismus folgt. In beiden Fällen wird zuerst die Adsorptionsverbindung $FeOH_{ad}$ gebildet (Gl. (9)) (Abb. 11), und die geschwindigkeitsbestimmende Durchtrittsreaktion (Gl. (10)) bzw. (13) liefert $FeOH^+$, aus dem in einer schnellen chemischen Reaktion (11) solvatisierte Eisenionen entstehen. Nach Heusler bildet sich jedoch aus der Adsorptionsverbindung mit einem „aktiven" Substratatom Fe_S

ein Oberflächenkomplex [$Fe_S(FeOH)$] ad, bei dem der Durchtritt des $Fe(OH)^+$ durch Adsorption eines weiteren OH^--Ions am aktiven Eisen katalysiert wird. Nach Eichkorn, Lorenz u.a. [34] ist die Bildung des Oberflächenkomplexes an eine hohe Dichte der mehrdimensionalen Gitterfehlordnung gebunden. Die Oberflächenaktivität soll dabei durch den Störgrad der HK-Lagen im Bereich der Versetzungen bestimmt werden [74], an denen wegen der verminderten Abtrennenergie mit OH^- als Komplexbildner der Durchtritt eines zweiwertigen Kations durch die Doppelschicht möglich ist.

Forker u.a. [24] diskutieren die stimulierende Wirkung von adsorbierten Anionen X^- auf der Basis eines partiellen Ladungsübergangs. Die Reaktion

$$Me^{z+}_{kink} + X^-_{ad} \rightleftharpoons Me^{(z-\gamma)+}_{kink} + X^{(1-\gamma)-}_{ad} \qquad (16)$$

entspricht dem Übergang des Metallions aus der HK-Lage in den aktivierten Komplex der Durchschnittsreaktion. Wegen der dabei mit sinkender Ladung abnehmenden Elektronenaustrittsarbeit wird die Übergangshäufigkeit erhöht. Nach Worch [35, 75] ist an stärker exponierten Atomen, z.B. am Scheitel von Gleitstufen, die Umwandlung von zwei Wassermolekülen in OH^- möglich, was einer weiteren Verringerung ihrer Ladung im aktivierten Komplex entspricht. Dagegen können „normale" Kink-Atome nur mit einem H_2O wechselwirken.

Nach den kinetischen Ansätzen [24] werden für die Beteiligung von 1 bzw. 2 OH^- pro Oberflächenatom bei vollem Ladungsübergang ($\gamma = 1$) die b_+ —Werte von 40 bzw. 30 mV des Bockris- bzw. Heusler-Mechanismus erhalten, während bei partiellem Übergang Werte bis 60 mV möglich sind. Die von uns am Ni (321) gemessenen Tafelneigungen (Tab. 2) bestätigen mit $b_+ \sim 45$ mV ($\eta = 0$) und $b_+ \sim 33$ mV ($\eta =$

Tab. 2 Tafelneigung b_+/mV von Ni (321) [320] in 1 n H_2SO_4 (nach Garz, Schmidtchen [56])

η/%	0	3	10	22	50
b_+/mV	45 ± 5	42 ± 2	35 ± 2	34 ± 6	33 ± 4
b_+ theor.	40 ... 60 (Bockris)			(Heusler) 30 ... 60	

50%) die vorgegebenen Grenzzustände. Der Übergang Bockris-Heusler erfolgt schon zwischen 3 und 10% Verformung, d.h. im Verfestigungsbereich. Charakteristisch für das Gleitlinienbild ist dabei eine starke Abnahme der Gleitlinienlänge [11] und eine relativ große Zunahme der Gleitstufenhöhe [76], was einem Anstieg der Dichte von Kink-Atomen und einem durch den Versetzungsaufstau im Bereich II bedingten hochenergetischen Zustand entspricht.

Gemessen am Eisen, das an schnell gezogenen Drähten bei Verformung um 33% und bis zum Bruch den b_{40}-Mechanismus behielt und nur an nach langsamer Dehnung erhaltenen Bruchflächen dem Heusler-Mechanismus gehorchte [74], ist der bei geringen

Verformungsgraden erfolgende Wechsel am Nickeleinkristall bemerkenswert. Es bleibt offen, inwieweit die Spezifik der (321)-Fläche als (111)-Vizinale hier eine besondere Rolle spielt, etwa in der besonderen Konzentration der Auflösung auf bestimmte Zentren an den Gleitstufen. Der Gedanke liegt nahe, weil Lorenz u.a. [34] bei der Unterdrückung der Auflösung an den glatten, relativ ungestörten Oberflächenbereichen mit Hilfe der Adsorption großflächiger Inhibitoren ebenfalls einen Übergang zu $b_+ \sim 30$ erhielten. Während der Wechsel $b_{30} \rightarrow b_{40}$ durch Glühen verformter Proben recht gut definiert ist [73], bedarf der Übergang zum katalysierten Mechanismus weiterer Untersuchungen zu einer endgültigen Klärung.

3.3. Passivierung und Passivzustand

Bei ausreichend starker Wechselwirkung mit Wasser (höheren Potentialen bzw. hoher OH^--Konzentration) folgt die Nickelauflösung nicht länger dem in Abb. 11 gegebenen Schema, sondern nach der NiOH-Bildung entsteht in einer chemischen Reaktion Nickelhydroxid [77 bis 79]:

$$Ni + H_2O \rightarrow NiOH_{ad} + H^+ + e \qquad (8)$$

$$NiOH_{ad} \rightarrow NiOH^+ + e \qquad (17)$$

$$NiOH^+ + H_2O \rightarrow Ni(OH)_2 + H^+ \qquad (18)$$

Das Hydroxid hemmt die Auflösung und kann so zur Ausprägung eines Vormaximums (vgl. Abb. 2 u. 9) in der Stromdichte-Potentialkurve führen. Dies erfordert an verformten Proben geringere Überspannungen (Abb. 9). Auf der Basis der Vorstellungen von Worch u.a. [80] über die Umwandlung der phasengrenznahen Wasserschicht in Oxid ist dies als Folge eines verstärkten Kationeneintritts und der zunehmenden Deprotonierung von Wasser und OH^--haltigen Spezies anzusehen. Dem sollte der in Gl. 19 formulierte Prozeß am besten entsprechen, bei dem die neu eintretende Partikel mit * gekennzeichnet ist:[1]

$$NiOH^+ + \overset{*}{Ni} + 2\,H_2O \rightarrow Ni(OH)_2 + \overset{*}{Ni}OH^+ + 2\,H^+ + 2\,e \qquad (19)$$

Nach zeitweiliger Überwindung der Hemmung durch ansteigende Feldstärken erfolgt mit weiterer Potentialsteigerung und zunehmendem Kationeneintritt die fortschreitende Deprotonierung unter Oxidbildung

$$2\,Ni(OH)_2 + \overset{*}{Ni} \rightarrow 2\,NiO + \overset{*}{Ni}(OH)_2 + 2\,H^+ + 2\,e, \qquad (20)$$

was einer Passivierung des Nickels entspricht.

Das Vorpassivierungsmaximum ist orientierungsabhängig. Es ist deutlich an der (111)-Fläche ausgeprägt, deren Stufen und Kinks wegen ihrer geringen Konzentration wirksam durch $Ni(OH)_2$ blockiert werden können. Mit der durch Deformation ansteigenden Kink-Konzentration wird die Effektivität der Hemmung geringer, was zu steigenden Stromdichten und zu einer Abflachung bis zum Verschwinden des Vor-

[1] Der progressive Charakter von Rk 19 u. 20 wird deutlich, wenn man beachtet, daß das 6-fach koordinierte Nickelion vom Zustand eines Hydoxoaqurakomplexes in das Oxid übergeht.

maximums führt. Letzteres ist in Abb. 10 zu erkennen, da die vergleichsweise hohe Kink-Dichte der (321)-Fläche dies unter den gegebenen Bedingungen stärker begünstigt.

Ganz analog verläuft der Verformungseinfluß auf die Passivierung nach Rk (20), die an verformten Proben zur Verringerung des Passivierungspotentials U_{p1} führt, und zwar bei ein- und polykristallinem Nickel. Allerdings ist der Effekt im wesentlichen auf Verformungsgrade $\leq 5\%$ beschränkt, was dem Bereich II der Verfestigungskurve entspricht [14].

Trotz der beschleunigten Oxidbildung überwiegt bei allen von uns untersuchten Einkristallen am Maximum noch der Einfluß der aktiven Auflösung, wobei i_{max} am Ni (321) bei höheren Verformungsgraden in Analogie zur mittleren Gleitliniendichte ansteigt (Abb. 12 b u. c). Im übrigen läßt die Konkurrenz von aktiver Auflösung und Bedeckungsvorgängen unter veränderten Bedingungen auch das entgegengesetzte Resultat am gleichen Material zu, wofür Ergebnisse an tieftemperaturverformten Ni-Einkristallflächen [81] sowie an impulsverformten Nickel [82] als Beispiele zu nennen sind.

Die Steilheit des Stromdichteabfalls ist, ähnlich wie beim Vormaximum diskutiert, von der Wirksamkeit der Oxidbildung bzw. dem Anteil der blockierten Aktivstellen abhängig. Wählt man als charakteristische Größe das Fladepotential U_{p2}, so zeigt sich, daß hier eine Verschiebung zu negativeren Werten nur bei (111)-Flächen und kleinen Verformungsgraden von Ni (321) auftritt. Für stark verformte, dem Bereich III der Schubspannungs-Abgleitungskurve zuzuordnende Proben, ist aus der Abflachung des Steilabfalls (Anstieg von U_{p2}) und dem Wiederanstieg der Passivstromdichte (Abb. 12) auf eine zunehmend verringerte Schutzwirkung der Passivschicht zu schließen. Während dies im Übergangsbereich hauptsächlich auf den hohen Flächenanteil der Aktivstellen zurückzuführen ist, muß im Passivbereich die Struktur der entstehenden Oxidschicht berücksichtigt werden.

Bei kleinen Verformungen sind die geometrischen Störungen der Oberfläche klein, und die Vorteile der schnelleren und durchgreifenden Deprotonierung der phasengrenznahen Schicht überwiegen noch, während die starken Störungen z.B. der hohen Gleitstufen an Bereich-III-Proben die Entstehung von Misfitgrenzen verursachen, die durch epitaktisches Aufwachsen von Oxidkristallbereichen verschiedener Orientierungen [83] entstehen.

Solche Misfitgrenzen können den Kationendurchtritt wesentlich begünstigen [84]. Auch Unterschiede im Passivverhalten verschieden orientierter Einkristalle lassen sich auf Epitaxien beim Aufwachsen des Phasenoxids zurückführen [85].

Nach Untersuchungen von MacDougall, Cohen u. Graham [86, 87] können epitaktisch aufgewachsene Oxidfilme mit unterschiedlichen Anteilen verschiedener Orientierungen auch zu erheblichen Unterschieden im Steilabfall führen. Es wurde festgestellt, daß durch lokale chemische Auflösungs- und Repassivierungsvorgänge an Defektstellen nur 20% der geflossenen Ladungsmenge der Oxidbildung, der Rest der Ni^{2+}-Bildung zuzuschreiben ist [86]. Das Aufrauhen der Oberfläche durch Ätzen verdoppelte infolge ungünstiger Oxidorientierungen und Misfitgrenzen die zur

Passivierung notwendige Ladungsmenge im Vergleich zum Elektropolieren [87]. Die Analogie zu stark verformten Proben liegt auf der Hand.

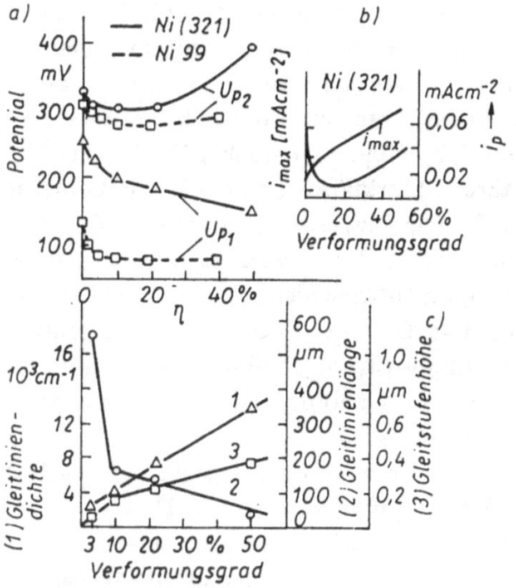

Abb. 12 Passivierungspotentiale (a), Maximal- und Passivstromdichten (b) und Charakteristica des Gleitprozesses in Abhängigkeit vom Verformungsgrad

3.4. Lochkorrosion

Unter Lochkorrosion im engeren Sinne wird eine lokale aktive Auflösung an passiven Oberflächen verstanden. Durch Kaltverformung verändert sich der Mechanismus der Lochbildung nicht [88]. Ihre Intensivierung kann auf eine verstärkte Primäradsorption von Chloridionen (d.h. vor oder während der Passivierung) oder auf ihre zwangsläufig erhöhte Zuführung an Schwachstellen der Passivschicht mit größeren Auflösungsströmen und Kationendichten zurückgeführt werden. Nach [24] wird der damit verbundene Ladungsverlust durch Protonenzufuhr aus der Lösung ausgeglichen, die die Störungen in der phasengrenznahen Schicht verstärkt und damit die Diffusion von Chloridionen weiter erleichtert.

Der Einfluß einer plastischen Deformation beruht deshalb vorwiegend auf der Erzeugung ausreichend wirksamer Oberflächeninhomogenitäten bzw. der Verstärkung bereits vorhandener lokaler Defekte. Damit steht der dominierende Befund einer mit dem Verformungsgrad ansteigenden Lochdichte [88–94] in Einklang. Im Detail ist die Änderung der Lochdichte wie auch die Lochkorrosion am unverformten Metall stark systemabhängig. So steigt die Dichte größerer Löcher an Ni (321) nach Garz, Worch u.a. [92, 93] ebenso wie die von Reinnickel [88, 94] in Chlorid-Sulfatlösung durch Verformung auf das 2,5 bis 3-fache an. Als Ursache ist hier die Lochbildung an S-dekorierten Schraubenversetzungen bzw. Ni_3S_2-Ausscheidungen [95] nachgewiesen, die durch die eingangs genannten Mechanismen der Wechselwirkung von Versetzungen mit Verunreinigungen verstärkt wird. Durch Versetzungsaufstau bzw. konzentrische Versetzungsringe um Einschlüsse werden zusätzliche Einschlußstellen zu Ausgangsstellen für Löcher. Unter aggressiveren Bedingungen, in sulfatfreier Lösung höherer Chloridkonzentration, werden dagegen viele kleine Löcher an den Gleitstufen gebildet, was bei hoher Gleitliniendichte und langen Expositionszeiten zum gleichförmigen Abtrag überleiten kann [92]. Kein wesentlicher Einfluß der Kaltverformung ist dagegen beim Nickel in saurer Chloridlösung zu erwarten, da hier der Angriff an den Korngrenzen dominiert [97]. Die Verformung begünstigt das durch aktive Auflösung hervorgerufene Lochwachstum [96] und wirkt dem an sehr reinem Nickel und chemisch beständigen Stählen häufig auftretenden „verdeckten" Lochfraß mit Spaltkorrosionscharakter entgegen [88, 94]. Dies weist bereits auf eine prüftechnische Problematik hin: die vom Beobachtungsinstrument abhängige Erfaßbarkeit von Löchern unterschiedlicher Größe bzw. Größenordnung. Es konnte gezeigt werden [88, 93], daß mit Hilfe quantitativer metallographischer Verfahren sowohl die stetige Zunahme der Gesamtlochdichte mit dem Verformungsgrad als auch die mehrfach in der Literatur beschriebenen Maxima und Minima der Dichte größerer Löcher [88, 98—101, 108] nachweisbar sind. Die Ursachen liegen für das erste Maximum in der geringen Lochkeimdichte, die entsteht, wenn die Abgleitung zunächst nur wenige günstig orientierte Körner des Vielkristalls erfaßt. Im weiteren wird der Verlauf vom Wechselspiel zwischen Lochkeimbildung und -wachstum bestimmt. Ein Maximum der Lochdichte kann auch beim Übergang von planaren Strukturen zur Zellbildung auftreten [108].

Für viele Korrosionssysteme ist das im wesentlichen von der Lochkeimbildung bestimmte Lochfraßpotential U_L als Grenzpotential zwischen Passiv- und Lochfraßbereich eine wichtige Kenngröße. Aus Untersuchungen an mono- und polykristallinem Nickel verschiedener Reinheit in unterschiedlichen Systemen läßt sich qualitativ ableiten [102], daß die Auswirkung einer Kaltverformung auf U_L außer von der Reinheit bzw. von der Wirkung nicht deformationsbedingter Strukturdefekte und der Zusammensetzung des Elektrolyten noch von den Bildungsbedingungen bzw. dem Zustand der Passivschicht abhängt. Eine Passivierung in Gegenwart von Chloridionen sowie instationäre Zustände bei Beginn ihrer Einwirkung erleichtern die lokale Aktivierung, während gut ausgebildete Passivschichten die Verformungsstrukturen des Substrats überdecken können oder bei geringem eigenen Störgrad sogar zu einer Verbesserung der Beständigkeit führen können. Durch Zunahme der Chloridkonzentration bzw. des Aktivator/Passivator- bzw. Inhibitorverhältnisses, z. B. Cl^-/SO_4^{2-} wird der negative Einfluß verstärkt. In gleicher Richtung wirkt das Verhältnis von deformationsbedingten Strukturdefekten zu den „eingewachsenen". So ist der negative Einfluß der Kaltverformung auf U_L an Reinstnickel leichter zu erfassen als an Ni 99 mit relativ hohem Schwefelgehalt.

Das Lochfraßpotential gehört zu den Kenngrößen, für die nach Abschn. 1.3. keine gleichförmige Veränderung mit zunehmendem Verformungsgrad zu erwarten

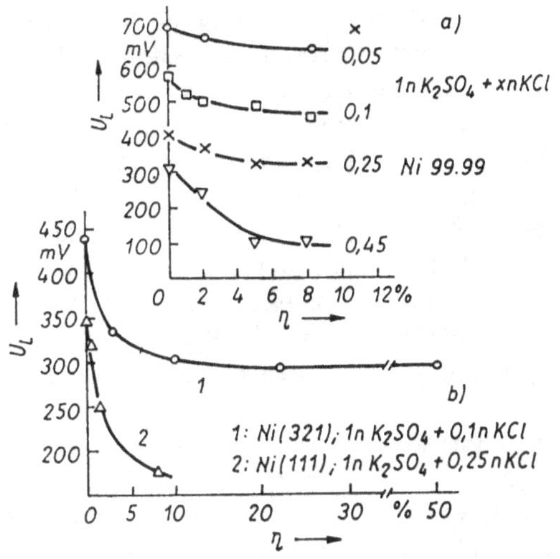

Abb. 13 Lochbildungspotentiale von zugverformten mono- und polykristallinem Nickel

ist. Am Nickel wurden für pH < 7 und hinreichenden Chloridkonzentrationen die in Abb. 13 dargestellten Grenzwertkurven erhalten. Der Vergleich mit den Verfestigungskurven gestattet eine Zuordnung des besonders starken Abfalls zum Bereich II, während mit Beginn der dynamischen Erholung der Grenzwerte von U_L erreicht wird [103]. Dies bestätigt die hohe Effektivität planarer Versetzungsstrukturen mit hochenergetischen „Aktivstellen" innerhalb von Oberflächenbereichen geringer Störung, bedeckt mit einer Passivschicht, die bei Ni(321) gegenüber der unverformten Probe einen erhöhten (mittleren) Schutzwert besitzt. Die Umordnung der Versetzungsstruktur bei dynamischer Erholung, bei der u.a. durch Quergleiten von Schraubenversetzungen eine homogenere Verteilung der Defekte erreicht wird, verhindert, daß U_L weiter abfällt. Beim Polykristall wird durch die die Versetzungsbewegung behindernden Korngrenzen das Quergleiten schon bei kleinen Verformungsgraden erzwungen [13]. An Fe-Ni (210) mit 39% Ni wurde bei hohen Verformungsgraden ein Wiederanstieg von U_L festgestellt [100], was auf einen stärkeren Rückgang der Deformationsenergie durch dynamische Erholung zurückgeführt werden muß.

Lochfraßpotential-Verformungsgrad-Kurven mit Grenzwertcharakter sind wiederholt an hochlegierten Cr-Ni-Stählen gefunden worden [90, 2 bis 5]. Den von Mazza u.a. [3 bis 5] angegebenen TEM-Bildern ist zu entnehmen, daß — abgesehen von Besonderheiten wie Phasentransformationen und -ausscheidungen — auch hier ein Wechsel von der vorherrschenden Gleitbandstruktur zu Strukturen mit einer homogeneren Defektverteilung erfolgt. U_L sinkt weiter, wenn die Verformung mit einer zunehmenden Martensitabscheidung verbunden ist [2]. Das Ausmaß der Schädigung, d.h. der U_L-Abfall und -grenzwert, ist im Detail von der Lage zur Verformungsrichtung abhängig [3].

Von den Faktoren, die den Übergang zum Bereich III und damit den „Grenzverformungsgrad" beeinflussen, sei die Stapelfehlerenergie herausgehoben. Wegen der hohen Stapelfehlerenergie des Nickels, die das Quergleiten der Versetzungen begünstigt [12], wird der U_L-Grenzwert bei austenitischen Stählen vom Nickelgehalt abhängig, was mit dem bekannten günstigen Einfluß des Nickels auf die Lochkorrosionsbeständigkeit übereinstimmt. Die entgegengesetzte Wirkung ist von den die Stapelfehlerenergie senkenden Elementen N, P und H [104 bis 106] zu erwarten.

Die für die Lochkorrosion festgestellten Verformungseinflüsse sind auch für die Spanungsrißkorrosion von großem Interesse. Gutman u.a. [98] erhielten an gespannten Cr-Ni-Stahlproben ebenfalls einen starken Abfall von U_L im Bereich II, der aber beim Übergang zur dynamischen Erholung infolge der andauernden Zerstörung der Passivschicht nur abgeschwächt wurde.

Der lokale Angriff, der bei der Spannungsrißkorrosion in chloridhaltigen Medien häufig durch Lochfraß eingeleitet wird, hängt auch hier von den durch die Verformung entstehenden Versetzungsstrukturen ab. Dabei spielt die Modifizierung des Gleitverhaltens durch gelöste Spurenelemente [106, 107] und Legierungsbestandteile im Zusammenhang mit den o.g. Veränderungen der Stapelfehlerenergie eine wesentliche Rolle. Außer an den hohen Gleitstufen der planaren Strukturen werden Risse infolge des durch plastische Verformung verstärkten Einflusses segregierter Spurenelemente an Korngrenzen von Einschlüssen begünstigt. Die analoge Abhängigkeit der Loch- und Rißdichten an gewalztem niedriglegiertem NiCrMoV-Stahl [108] ist hierfür ein Beispiel. Auf die Gefährlichkeit der ebenen Versetzungsanordnungen für die durch lokale Auflösung induzierte Rißbildung und ihre Beeinflussung durch Ni, N und P über Änderungen der Stapelfehlerenergie wird von Butkevich u.a. [104, 105] hingewiesen. Letztendlich sind auch Parallelen zwischen der Lochkorrosion kaltverformter Metalle und der wasserstoffinduzierten Spannungsrißkorrosion anzunehmen [75]. Der Einfluß einer *vorangegangenen* Kaltverformung auf die Neigung zur Spannungsrißkorrosion von Cu-Mn-Legierungen [109] hängt von der Neigung der Legierung ab, in jeweiligen Systemen inter- oder transkristallin zu reagieren. Im erstgenannten Fall führt die Prädeformation durch verstärkte Verformung der Kornmatrix zu einem homogeneren Gefüge und zu erhöhter Beständigkeit. Dagegen wird die Anfälligkeit zu transkristalliner Spannungsrißkorrosion bei zunehmendem Mangangehalt und erhöhter Stapelfehlerwahrscheinlichkeit, d.h. bei fortdauernd planarer Versetzungsverteilung, durch eine vorangegangene Deformation erhöht. Wesentlich unübersichtlicher wird der Effekt einer vorangegangenen Verformung bei hochlegierten Stählen unter Berücksichtigung der Martensitausscheidung, des Elektrodenpotentials und der Verformungsgeschwindigkeit [110]. Günstige Wirkungen werden nur bei freier Korrosion erhalten, während bei kathodischen und anodischen Überspannungen die nachteiligen Wirkungen des Wasserstoffs bzw. des Verformungsmartensits dominieren.

Literatur

[1] F. Osmond, J. Werth: Ann. Min. 8 (1885) 1.
[2] B. Mazza, P. Pedeferri, D. Sinigaglia, U. Della Salla u. L. Lazzari: Werkstoffe u. Korr. 25 (1974) 239.
[3] B. Mazza, P. Pedeferri, D. Sinigaglia, A. Cigada, L. Lazzari, G. Re u. D. Wenger: J. Electrochem. Soc. 123 (1976) 1157.
[4] B. Mazza, P. Pedeferri, D. Sinigaglia, A. Cigada, G. A. Mandora, G. Re, G. Taccani u. D. Wenger: J. Electrochem. Soc. 126 (1979) 2075.
[5] B. Mazza, P. Pedeferri, D. Sinigaglia, A. Cigada, G. Fumagalli u. G. Re: Corr. Sci. 19 (1979) 907.
[6] E. Kunze: Habilitationsschrift, Bergakademie Freiberg 1970.
[7] R. M. Latanision, H. Oppenhauser; Corrosion 27 (1971) 509.
[8] I. Garz: Wiss. Z. d. TH Magdeburg 14 (1970) 7.
[9] E. M. Gutman: Mechanochemie der Metalle und Korrosionsschutz (russ.); Metallurgija, Moskau 1974.
[10] A. Seeger: Moderne Probleme der Metallphysik, Bd. 1, Springer-Verlag Berlin-Heidelberg-New York 1965.
[11] I. Garz: Werkstoffe u. Korr. 28 (1977) 417.
[12] V. I. Vladimirov: Einführung in die physikalische Theorie der Plastizität und Festigkeit; DVG Leipzig 1976.
[13] G. Zankl: Naturforschung 18a (1963) 795.
[14] I. Garz: Zaščita metallov 15 (1979) 29.
[15] O. W. Kasparova, Ja. M. Kolotyrkin, in: Itogi nauki i techniki, Ser. Korrosija i zaščita ot korrosii 8 (1981) 61 (Moskau).
[16] R. Parsons: Trans. Faraday Soc. 4 (1951) 1332.
[17] R. P. Frankenthal: J. Elektrochem. Soc. 116 (1969) 580.
[18] W. Kossel: Nachr. Ges. Wiss. Göttingen (1927) 135.
[19] I. N. Stranski: Z. Phys. Chem. 136 (1928) 259.
[20] M. Volmer: Kinetik der Phasenbildung, Leipzig 1939.
[21] D. Howard; T. Pyle: Phil. Mag. 14 (1966) 1179.
[22] D. A. Vermilyea; J. Electrochem. Soc. 115 (1968) 162.
[23] W. K. Burton, N. Cabrera, F. C. Frank: Phil. Trans. Roy. Soc. London Ser. A 243 (1950/51) 4, 299.
[24] W. Forker, H. Worch, D. Rahner, W. Schatt: Sitzungsber. AdW d. DDR Jahrg. 1982 Nr. 24/N, Akademie-Verlag Berlin 1983.
[25] F. W. Young Jr. u. L. D. Hulett: Metal Surfaces, ASM-Seminar 1963, 375.
[26] W. G. Johnston in: Progr. Ceramic Science 2, Pergamon Press 1962.
[27] W. Schaarwächter, L. Jasper u. K. Lücke: Forschungsbericht des Landes Nordrhein-Westfalen, Westdeutscher Verlag Köln u. Opladen 1967.
[28] J. J. Gilman, in: The Surface Chemistry of Metals and Semiconductors, Wiley, New York 1960, S. 136.
[29] W. Forker: Elektrochemische Kinetik; Akademie-Verlag Berlin 1966.
[30] J. Hölzl u. K. K. Schulte, in: Solid Surface Physics. Springer-Tracts in Modern Physics Vol. 85. Ed. G. Höhler; Berlin, Heidelberg, New York 1979, S. 1ff.
[31] H. Wagner, in: Solid Surface Physics (s. Ref. [30]), S. 151ff.
[32] B. Krahl-Urban, E. A. Niekisch, H. Wagner: Surface Sci. 64 (1977) 52.

[33] R. D. Jones, P. J. Jennings, G. S. Painter: Surface Sci. 53 (1975) 409.
[34] G. Eichkorn, W. J. Lorenz, L. Albert u. H. Fischer: Electrochim. Acta 13 (1968) 183.
[35] H. Worch: Dissertation (im Verfahren B), TU Dresden, in Vorbereitung.
[36] R. J. Mints, V. P. Melekhin, M. B. Partenskii: Fiz. Tverd. Tela 16 (1974) 3584.
[37] G. E. Rhead: Surface Sci. 62 (1977) 20.
[38] K. Schwabe: Electrochim. Acta 6 (1962) 223.
[39] W. J. Lorenz, G. Eichkorn: Ber. Bunsenges. Phys. Chem. 70 (1966) 99.
[40] Z. A. Jofa, V. V. Batrakov, Ju. A. Nikiforova: Corr. Sci. 8 (1968) 573.
[41] N. A. Balashova, G. G. Jmakin: DAN (UdSSR) 143 (1962) 358.
[42] W. Nowak: Dissertation, TU Dresden 1963.
[43] Ja. M. Kolotyrkin, L. N. Jagupolskaja, E. S. Besoljuk: Zaščita metallov 9 (1973) 551.
[44] I. Garz, B. Glaser: Corr. Sci. 14 (1974) 353; B. Glaser: Dissertation, TH Magdeburg 1973.
[45] V. V. Batrakov, Ju. A. Batrakova, S. A. Jofa: Electrochimija 7 (1971) 1012.
[46] H. Hopster, H. Ibach, G. Comsa: J. Catal. 46 (1977) 37.
[47] K. Besocke, S. Berger: Proc. 7 th. Internat. Vac. Congr. and 3. Intern. Conf. on Solid Surfaces. Wien 1977, Bd. II, S. 893.
[48] T. Engel, T. von dem Hagen, E. Bauer: Surf. Sci. 62 (1977) 361.
[49] K. Christmann, G. Ertl: Surface Sci. 60 (1976) 365.
[50] K. Zdansky, Z. Sroubeck: J. Phys. F.: Metal Phys. 6 (1976) L 205.
[51] H. Ibach: Surface Sci. 53 (1975) 444.
[52] K. Baron, D. W. Blakely, G. A. Somorjai: Surface Sci. 41 (1974) 45.
[53] M. T. Simnad, U. R. Evans: Trans. Farad. Soc. 46 (1950) 175.
[54] H. E. Bühler, W. Schwenk: Z. Metallkde. 56 (1965) 24.
[55] I. Garz, U. Häfke: Corr. Sci. 11 (1971) 329.
[56] I. Garz: Wiss. Z. d. TH Magdeburg 25 (1981) 123; H. Schmidtchen: Ingenieurbeleg TH Magdeburg 1972.
[57] Z. A. Foroulis, H. H. Uhlig: J. Electrochem. Soc. 111 (1964) 522.
[58] O. V. Kasparova, A. V. Plaskejev: Zaščita metalloy 19 (1983) 541.
[59] K. J. Vetter: Elektrochemische Kinetik, Berlin-Göttingen-Heidelberg 1961.
[60] T. Erdey-Gruz: Kinetik der Elektrodenprozesse, Budapest 1975.
[61] O. V. Kasparova: private Mitteilung 1983.
[62] I. Garz: Wiss. Z. d. TH Magdeburg 25 (1981) 123.
[63] K. Denkewitz: Diplomarbeit TH Magdeburg 1973.
[64] H. Schmidtchen: Diplomarbeit TH Magdeburg 1973.
[65] J. O'M. Bockris, D. Drasic, A. R. Despic: Electrochim. Acta 4 (1961) 325.
[66] J. O'M. Bockris, M. A. Genshaw, V. Brusic, H. Wroblowa: Electrochim. Acta 16 (1971) 1859.
[67] K. E. Heusler, Z. Elektrochem. Ber. Bunsenges. Phys. Chem. 62 (1958) 585; 66 (1967) 177.
[68] K. E. Heusler, Habilitationsschrift, TH Stuttgart 1966.
[69] G. T. Burstein, G. A. Wright: Electrochim. Acta 20 (1975) 95.
[70] K. Schwabe, Chr. Voigt: J. Electrochem. Soc. 113 (1966) 886.
[71] H. Roßwag, G. Eichkorn, W. Lorenz: Werkstoffe u. Korr. 25 (1974) 86.
[72] G. Eichkorn, W. Lorenz: Metalloberfläche 22 (1968) 102.
[73] W. J. Lorenz, G. Eichkorn: Ber. Bunsenges. Phys. Chem. 70 (1966) 98.

[74] G. Eichkorn, H. Schlitter, H. Fischer: Ber. Bunsenges. 70 (1966) 856.
[75] W. Forker, H. Worch, D. Rahner: Vortrag, Wiss. Symp. (RGW) Moskau 1983.
[76] H. Bock, I. Garz u. B. Suthoff: Wiss. Z. d. TH Magdeburg 20 (1976) 449.
[77] J. O'M. Bockris, A. K. N. Reddy, B. Rao: J. Electrochem. Soc. 113 (1966) 1133.
[78] A. K. N. Reddy, B. Rao, J. O'M. Bockris: J. Chem. Phys. 42 (1965) 2246.
[79] A. K. N. Reddy, B. Rao: Can. J. Chem. 47 (1969) 2687.
[80] H. Worch, D. Rahner, J. Sommer, W. Schatt: Werkstoffe u. Korr. 31 (1980) 593.
[81] I. A. Gindin, L. N. Jagupolskaja, W. K. Aksenow, J. D. Starodubow: Corr. Sci. 13 (1973) 967.
[82] C. R. Crowe, S. G. Fishman: Corr. Sci. 13 (1973) 569.
[83] A. T. Lawless, K. R. Gwathmay: The Surface Chemistry of Metals and Semiconductors. Wiley a. Sons 1960.
[84] M. J. Caplan, M. J. Graham, M. Cohen: J. Electrochem. Soc. 119 (1972) 1205.
[85] R. M. Latanision, H. Oppenhauser: Corrosion 27 (1971) 509.
[86] B. MacDougall, M. J. Graham: Electrochim. Acta 26 (1981) 705.
[87] B. MacDougall, M. Cohen; J. Electrochem. Soc. 123 (1976) 1783.
[88] I. Garz: Korrosion (Dresden) 12 (1981) 4, 187.
[89] P. Forchhammer, H.-J. Engell: Werkstoffe u. Korr. 20 (1964) 1.
[90] M. Fujii, M. Kumada, J. Japan. Inst. Metals 34 (1970) 1001.
[91] W. Nicodemi, P. Pedeferri, D. Sinigaglia: Metallurgia italiana 1 (1971) 23.
[92] I. Garz, H. Worch: Werkstoffe u. Korr. 30 (1980).
[93] K. Müller: Diplomarbeit TH Magdeburg 1976).
[94] H. Kühn: Diplomarbeit TH Magdeburg 1977.
[95] H. Worch, I. Garz, W. Schatt: Werkstoffe und Korr. 24 (1973) 872.
[96] R. P. Frankenthal: Corr. Sci. 8 (1968) 491.
[97] M. Zamin, M. B. Jves: J. Electrochem. Soc. 121 (1974) 1141.
[98] E. M. Gutman, E. V. Budilova, B. Ju. Lukin: Zaščita metallov 11 (1975) 731.
[99] E. M. Gutman, S. N. Davidov, B. Ju. Lukin: Zaščita metallov 28 (1977) 592.
[100] I. Garz, B. Glaser, G. Pusch: Korrosion (Dresden) 4 (1975) 10.
[101] R. Stehle: Diplomarbeit TH Magdeburg, 1975.
[102] I. Garz, G. Pusch: Vortrag III. Internat. RGW-Konferenz Metallkorrosion, Warschau 1980, Abstracts Bd. 2, S. 61.
[103] I. Garz, G. Pusch: Vortrag, Jahrestagung der AG Elektrochemie der Chemischen Gesellschaft der DDR, Reinhardsbrunn 1979.
[104] V. G. Butkevich, V. I. Gerassimov, A. V. Rjabchenkov: Zaščita metallov 14 (1978) 291.
[105] A. V. Rjabchenkov, V. I. Gerassimov, V. G. Butkevich: Proc. 1. Sov.-Japan. Sem. Corrosion and Protection of Metals. Moskau 1979, S. 271.
[106] P. R. Swann: Corrosion 19 (1963) 102.
[107] H. J. Engell, M. O. Speidel: Werkstoffe u. Korr. 20 (1969) 281.
[108] D. Doig, R. J. Browne, P. E. J. Flewitt: Brit. Corros. J. 12 (1977) 86.
[109] U. K. Chatterjee, S. C. Sircar, T. Banerjee: Corrosion (NACE) 26 (1970) 141.
[110] K. Bilogan: Corrosion (NACE) 37 (1981) 506.

ISSN 0138-3965

FSC
www.fsc.org
MIX
Papier | Fördert gute Waldnutzung
FSC® C083411

Kolibri 360 GmbH
Ferdinand-Jühlke-Straße 7
99095 Erfurt, Deutschland
produktsicherheit@kolibri360.de